JN321928

最強動物をさがせ ①
恐 竜

アンディ・ホースリー・著

山北めぐみ／梅田智世・訳

ゆまに書房

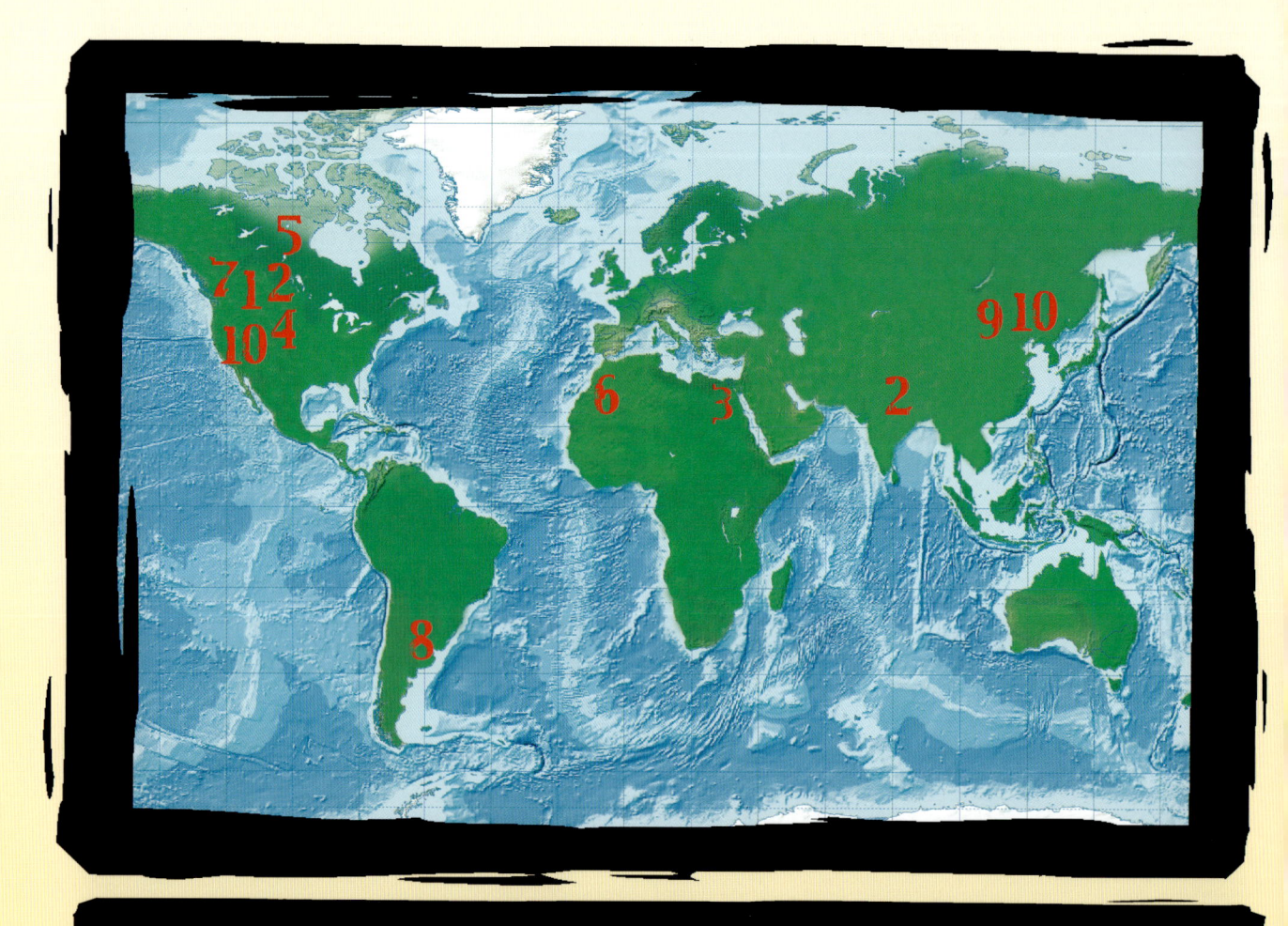

#	名前	#	名前
1	デイノニクス	6	カルカロドントサウルス
2	ティラノサウルス	7	トロオドン
3	スピノサウルス	8	ギガノトサウルス
4	アロサウルス	9	ヴェロキラプトル
5	アルバートサウルス	10	ディロフォサウルス

Copyright © ticktock Media Ltd 2009, written by Andy Horsley.

Japanese translation rights arranged with ticktock Media Limited through

Japan UNI Agency,Inc.,Tokyo.

もくじ

はじめに		4-5
第10位	ディロフォサウルス	6-7
第9位	ヴェロキラプトル	8-9
第8位	ギガノトサウルス	10-11
第7位	トロオドン	12-13
第6位	カルカロドントサウルス	14-15
第5位	アルバートサウルス	16-17
第4位	アロサウルス	18-19
第3位	スピノサウルス	20-21
第2位	ティラノサウルス	22-23
第1位	デイノニクス	24-25
あとひといきでトップ10に入る恐竜(きょうりゅう)たち		26-27
データ		28-29
用語集		30-31

はじめに

地球の歴史のなかでも、2億4500万年前から6500万年前までは、恐竜*の時代として知られています。このころの地球には、何千種類もの恐竜がくらしていました。そのほとんどは、おとなしい植物食恐竜でしたが、なかにはどう猛な肉食恐竜もいました。この本では、最強の恐竜トップ10を発表します。ランキングは、このページで紹介する5つのポイントをもとに決定しました。また、むずかしいことばには*をつけ、30・31ページでくわしく説明しています。

体の大きさ

1/10

肉食恐竜にとって、体の大きさがたいせつなのは言うまでもありません。大きければ大きいほど、大きな獲物*をたおすことができます。同じように、体重もたいせつです。体重が重ければ、獲物を引きたおし、おさえつけるのもかんたんです。ここでは、体の大きさと体重のほかに、獲物の平均的な大きさも考えに入れて、点数を出しました。

第9位 ヴェロキラプトル
VELOCIRAPTOR

ヴェロキラプトルは、白亜紀*後期のアジアにいた恐竜*です。ヴェロキラプトルの最初の化石*は、1922年にヘンリー・オズボーンによりモンゴルで発見されました。スピード、攻撃性、そしておそろしい武器という無敵の特徴をかねそなえていますが、ただひとつ、体が小さかったために、上位の座をのがしてしまいました。小さな七面鳥くらいの大きさしかありませんでした！

体の大きさ
ヴェロキラプトルの平均的な全長は、およそ1.5メートルで、腰の高さはわずか1メートルほど。体重は20～25キログラムほどだろう。

あごの力
肉をかみきり、引きさくにはぴったりの歯が80本ほどある。あごが小さいおかげで、恐竜の死がい*のなかにまで頭をつっこむことができる。

運動神経
足の速い二足歩行*の恐竜で、そのスピードは時速60キロメートルをこえる。ヴェロキラプトルという名まえは、「足の速いどろぼう」という意味だ。

あごの力 2/10

ほとんどの肉食恐竜は、あごの力だけで獲物を殺し、食べていました。ここでは、あごの大きさと力のほか、歯の数、長さ、するどさをもとに点数をつけました。第1位にかがやいたデイノニクスなど、ひとにぎりの恐竜は、かぎヅメも強力な武器として使っていました。そうした恐竜には、ボーナス点をつけました。

運動神経 10/10

肉食恐竜にとって、スピードは大きな強みです。けれども、スピードだけではだめです。獲物より速く走れたとしても、方向をかんたんにかえたり、とつぜん止まったりできなければ、意味がありません。ここでは、走る速さ、スピードにのるまでの速さ、動きのすばやさをもとに点数をつけました。ジャンプ力のすぐれている恐竜には、ボーナス点をつけました。

危険度 1/10

肉食恐竜のなかには、バスと同じくらいの大きさのものもいました。それほど大きければ、どんな恐竜でも、おそろしく見えます。どれだけ危険かは、その恐竜と出くわしたときの距離によってかわります。距離が近ければ近いほど、どうすればいいのか考える時間がなくなり、すぐに食べられてしまいます。いちばん大きい恐竜が、いちばん危険とはかぎりません。

狩りのテクニック 8/10

肉食恐竜は、さまざまな狩りのテクニックを持っていました。群れで狩りをする恐竜もいれば、一頭で狩りをするものもいました。しげみで獲物をまちぶせする恐竜もいれば、食べられそうな獲物をさがして、たえず歩きまわるものもいました。ここでは、それぞれの恐竜がいちばんよく使っていたテクニックの総合力について点数をつけました。

ヴェロキラプトルの化石は、これまでに10体ほど見つかっている。そのうちのひとつは、プロトケラトプスとのたたかいの途中で死んだものとみられている。

ヴェロキラプトル（右上）ほど足が速く、おそろしい捕食者はほとんどいなかった。

危険度
大きさはネコとそれほどかわらないが、小さくても凶暴なヴェロキラプトルの群れには、だれも出くわしたくないだろう。

狩りのテクニック
群れで狩りをする捕食者で、すぐれたテクニックを持っている。前足と後ろ足にはえたツメで攻撃し、獲物の背中にとびのることもできる。

最強度スコア
EXTREME SCORES

体がとても小さいため、1頭では上位に入ることはできませんが、群れになれば話は別です。

運動神経 10/10
体の大きさ 1/10
あごの力 2/10
狩りのテクニック 8/10
危険度 1/10

= 総合得点

22/50

第10位 ディロフォサウルス
DILOPHOSAURUS

ディロフォサウルスは、ジュラ紀*のはじめごろに地球にいた肉食恐竜です。頭のてっぺんにあるとさか*が特徴で、これは2列にならんだ骨でできています。この色あざやかなとさかを使って、気もちをつたえあっていたのかもしれません。ディロフォサウルスの化石*は、古生物学者*のサミュエル・ウェルズが1942年にアメリカ合衆国のアリゾナ州で発見しました。

活発に動きまわる肉食恐竜にしてはめずらしく、長いしっぽを持っていた。

体の大きさ
全長はおよそ6メートル、体重はおよそ500キログラム。スマートな体つきだが、たたかいのときにはどう猛になる。

運動神経
二足歩行*の恐竜*で、狩りのときには、獲物*を走って追いかける。後ろ足の強力な筋肉のおかげで、速く走ることができる。

あごの力
あごには長くとがった歯がならんでいるが、歯はとてもおれやすい。

手と足の先にはえたツメはとてもするどいが、長さは数センチメートルほどだった。

危険度
じゅうぶんにおそろしい大きさだが、あごは見た目ほど強くない。だが、かぎヅメはとても危険だ。

狩りのテクニック
群れで狩りをしたので、自分よりずっと大きな獲物でもたおすことができたといわれている。だが、腐肉*だけを食べていたと考える学者もいる。

最強度スコア
EXTREME SCORES

運動神経の点数が高いおかげで、どうにかトップ10にすべりこんでいます。

運動神経 7/10

体の大きさ 3/10

あごの力 1/10

狩りのテクニック 4/10

危険度 3/10

= 総合得点

18/50

7

第9位 ヴェロキラプトル
VELOCIRAPTOR

ヴェロキラプトルは、白亜紀*後期のアジアにいた恐竜*です。ヴェロキラプトルの最初の化石*は、1922年にヘンリー・オズボーンによりモンゴルで発見されました。スピード、攻撃性、そしておそろしい武器という無敵の特徴をかねそなえていますが、ただひとつ、体が小さかったために、上位の座をのがしてしまいました。小さな七面鳥くらいの大きさしかありませんでした！

体の大きさ

ヴェロキラプトルの平均的な全長は、およそ1.5メートルで、腰の高さはわずか1メートルほど。体重は20〜25キログラムほどだろう。

あごの力

肉をかみきり、引きさくにはぴったりの歯が80本ほどある。あごが小さいおかげで、恐竜の死がい*のなかにまで頭をつっこむことができる。

運動神経

足の速い二足歩行*の恐竜で、そのスピードは時速60キロメートルをこえる。ヴェロキラプトルという名まえは、「足の速いどろぼう」という意味だ。

ヴェロキラプトルの化石は、これまでに10体ほど見つかっている。そのうちのひとつは、プロトケラトプスとのたたかいの途中で死んだものとみられている。

ヴェロキラプトル（右上）ほど足が速く、おそろしい捕食者*はほとんどいなかった。

危険度

大きさはネコとそれほどかわらないが、小さくても凶暴なヴェロキラプトルの群れには、だれも出くわしたくないだろう。

狩りのテクニック

群れで狩りをする捕食者で、すぐれたテクニックを持っている。前足と後ろ足にはえたツメで攻撃し、獲物*の背中にとびのることもできる。

最強度スコア
EXTREME SCORES

体がとても小さいため、1頭では上位に入ることはできませんが、群れになれば話は別です。

運動神経 10/10
体の大きさ 1/10
あごの力 2/10
危険度 1/10
狩りのテクニック 8/10

= **総合得点**
22/50

9

第8位 ギガノトサウルス
GIGANOTOSAURUS

ギガノトサウルスは、地球の歴史上、もっとも大きい陸上の肉食動物だったと古生物学者*は考えています。また、もっともなぞの多い肉食恐竜でもあります。というのも、1993年になってはじめて発見された恐竜*だからです。ギガノトサウルスの化石*は、ルーベン・カロリーニというアマチュアの化石ハンターが南アメリカのアルゼンチンで発見しました。

体の大きさ
これまで発見されている肉食恐竜のなかで、もっとも大きい。全長は16メートル、体重はおよそ8000キロ。

あごの力
あごには細くとがった歯がずらりとならび、のこぎり状の先端が肉を切りさく。いちばん大きな歯は、長さ20センチメートルにもなる。

運動神経
これほど大きな恐竜*にしては、おどろくほど速く走ることができる。そのスピードは、時速およそ24キロメートルにたっする。先のとがった細いしっぽでバランスをとり、走りながらすばやく方向をかえていたのかもしれない。

頭骨*は1.8メートルと巨大だが、そのなかの脳はとても小さかった。

危険度
ティラノサウルスをこえる巨体で、見るからにおそろしいが、ありがたいことに、とても数が少なかったようだ。

狩りのテクニック
狩りをするときには、あごを大きく開いて獲物*を追いかける。全長20メートルをこえる植物食恐竜も攻撃する。

ギガノトサウルス（図の左と右）は、大きな恐竜でもおそって殺すことができた。

最強度スコア
EXTREME SCORES

動きがおそく、ぎこちないせいで、上位には入れませんでした。

運動神経 1/10
体の大きさ 10/10
あごの力 5/10
危険度 6/10
狩りのテクニック 1/10

= 総合得点

23/50

11

第7位 トロオドン
TROODON

トロオドンは小型の二足歩行*恐竜で、白亜紀*の終わりごろに生きていました。体重に対する脳の大きさを考えると、当時の地球ではもっとも頭のよい生きものだったといえるかもしれません。トロオドンの最初の化石*は、フェルディナンド・V・ヘイデンが1855年に発見しました。トロオドンという名まえは、アメリカ合衆国の古生物学者*ジョセフ・ライディが1856年につけたものです。

体の大きさ
全長はおよそ2～3メートル、体重は40～50キログラム。羽毛におおわれていたかもしれない。

あごの力
トロオドンの口には、弓のようにまがった歯が100本ちかくもならんでいる。幅の広いのこぎり状*の歯で肉を切りさく。

運動神経
長い脚と軽い体重のおかげで、歩幅が広く、とても速く走ることができる。おそらく、ほかのどの恐竜*よりも速いだろう。

トロオドンという名まえは「傷つける歯」という意味で、弓のようにまがった歯からつけられた。

全体的な体の形は、現代のダチョウ*とよくにている。

危険度

体が小さいので、昼のあいだはそれほどおそろしくないが、うす暗がりのなかで不意をつかれると、とても危険だ。

狩りのテクニック

正面を向いた大きな目を持つことから、あたりが暗くなる夕ぐれや夜、夜明けなどに、小さなほ乳類をおそっていたと考えられている。

最強度スコア
EXTREME SCORES

体の動きはとても速いのですが、体が小さいので、危険なのは夜だけでした。

運動神経 9/10

体の大きさ 2/10

あごの力 3/10

危険度 2/10

狩りのテクニック 9/10

= 総合得点

25/50

第6位 カルカロドントサウルス
CARCHARODONTOSAURUS

カルカロドントサウルスは、白亜紀*中期の北アフリカで最強の捕食者*でした。最大級の植物食恐竜さえもおそって殺せるほどの大きさで、かみそりのようにするどい歯を持っていました。カルカロドントサウルスの化石*は、ドイツの古生物学者*が発見しました。残念ながら、そのときに見つかった化石は、第2次世界大戦のときにこわされてしまいました。

体の大きさ
成長すると全長15メートルにたっし、体重は7000キログラムをこえる。ギガノトサウルスにも負けない大きさだ。

危険度
大きくてとてもどう猛だが、動きはおそいので、もし見つかっても、どうにかにげられるだろう。

あごの力
大きく開く強力なあごは、人間ひとりと同じくらいの大きさだ。するどい歯は、かたい皮でもかんたんにつきさすことができる。

運動神経
二足歩行*の恐竜*だが、スピードよりもパワーと体重にたよっていたので、足はあまり速くない。

カルカロドントサウルスの頭の骨と上あごの一部。

14

このカルカロドントサウルスのすがたは、いくつかの化石から復元されたものだ。

最強度スコア
EXTREME SCORES

巨大な恐竜ですが、スピードと狩りのテクニックの点数がひくいせいで、上位進出をのがしています。

運動神経 2/10

体の大きさ 9/10

あごの力 4/10

危険度 9/10

狩りのテクニック 2/10

= 総合得点

26/50

狩りのテクニック

しげみにかくれて獲物*をまちぶせ、不意うちで狩りをしていたのだろう。

15

第5位 アルバートサウルス
ALBERTOSAURUS

アルバートサウルスは、白亜紀*後期の北アメリカに生息した捕食者*です。しなやかな体とのこぎりのような歯で、ハドロサウルス*などの植物食恐竜をつかまえました。アルバートサウルスの化石*は、1884年、カナダのアルバータ州で、地質学者のジョセフ・ティレルによって、発見されました。

体の大きさ
全長は8メートルをこえ、腰の高さは4メートル。体重はおよそ3000キログラム。

あごの力
大きな頭に、強くりっぱなあごをそなえている。かみそりのようにするどい歯が、上あごに約36本、下あごに約30本はえている。

運動神経
この二足歩行*の大型恐竜は、最高時速30キロメートルで走ることができたといわれている。この大きさの恐竜*のなかでは、いちばんのスピードだ。

危険度
大きな体と足の速さをあわせもつ、手ごわいハンターとして、おそれられていた。

16

ほとんどの歯がそのままのじょうたいでのこる頭骨*。

狩りのテクニック

目が頭の側面にあるせいで、狩りはあまり得意ではなかったかもしれない。獲物*をねらうには、目は正面にあったほうがいい。

他の二足歩行の恐竜と同じく、しっぽでバランスをとっていた。

最強度スコア
EXTREME SCORES

大きさとスピードはかなりのものですが、もっと大きい恐竜、もっと足の速い恐竜はまだまだいるのです。

運動神経 6/10

体の大きさ 5/10

あごの力 8/10

危険度 4/10

狩りのテクニック 5/10

= 総合得点

28/50

17

第4位 アロサウルス
ALLOSAURUS

アロサウルスは、ジュラ紀*の終わりから白亜紀*のはじめにかけて生息した恐竜*で、その当時は地球最大の捕食者*でした。最初の化石*は、1877年、アメリカ合衆国のワイオミング州で、有名な化石ハンターのオスニエル・C・マーシュによって発見されました。

体の大きさ
全長12メートルほどに成長し、その巨体は重さ4000キログラムをこえる。

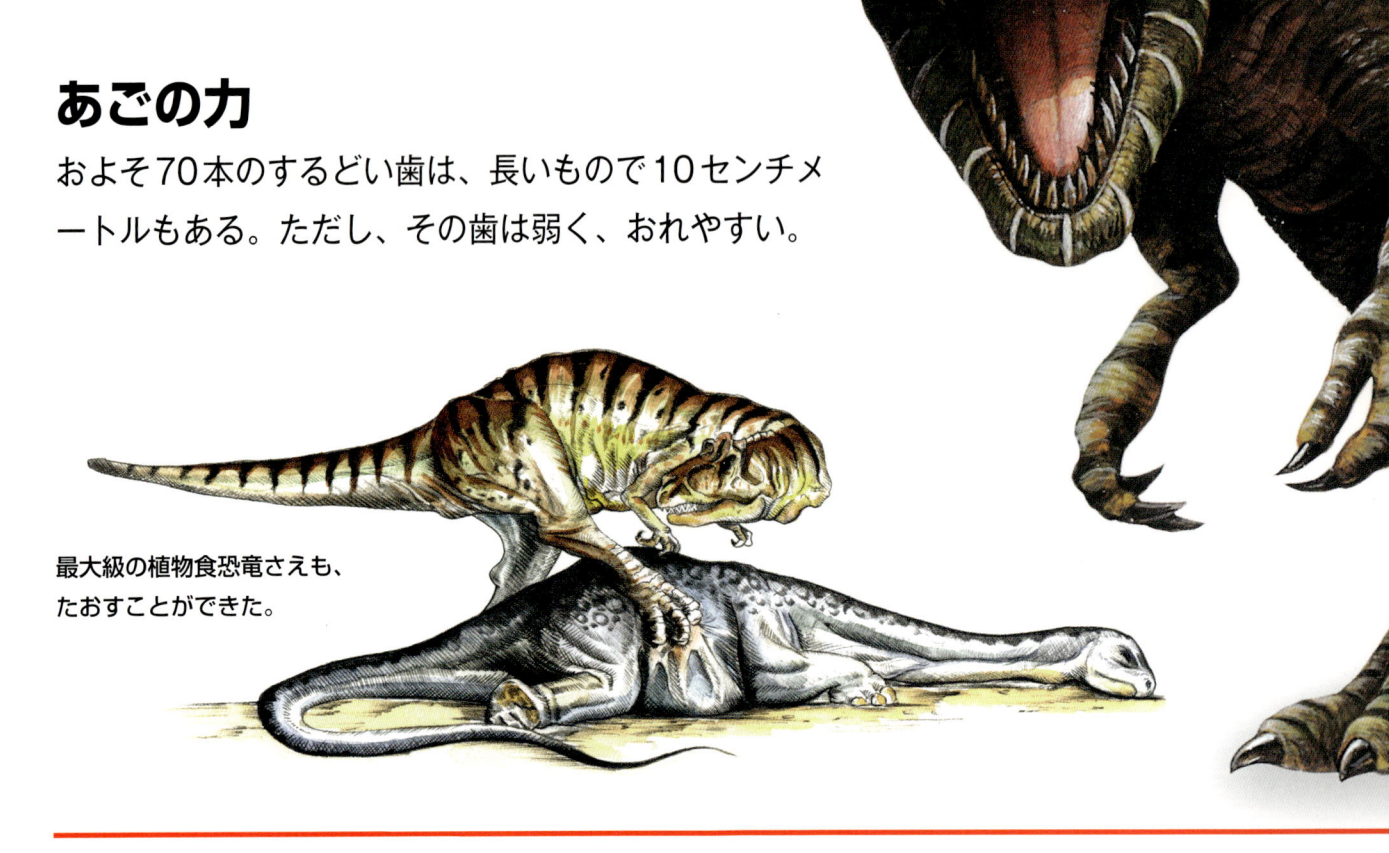

あごの力
およそ70本のするどい歯は、長いもので10センチメートルもある。ただし、その歯は弱く、おれやすい。

最大級の植物食恐竜さえも、たおすことができた。

18

アロサウルスには天敵がいない。
まさに最強の捕食者だった。

運動神経
二足歩行*の肉食恐竜で、最高時速は20キロメートルともいわれる。ただし、長時間にわたって獲物*を追うスタミナ*はない。

危険度
アルバートサウルスよりさらに大きく、攻撃的だ。ねらわれたら最後、先につかれて、へたばることをねがうしかない。

狩りのテクニック
群れで狩りをしていたといわれている。前足の15センチメートルのかぎヅメで、獲物の肉を切りさいた。

最強度スコア
EXTREME SCORES

トップの座をねらえる実力はありますが、足がおそいのとスタミナ不足がマイナス・ポイントになりました。

- 運動神経 4/10
- 体の大きさ 6/10
- あごの力 9/10
- 危険度 5/10
- 狩りのテクニック 7/10

= 総合得点 31/50

第3位 スピノサウルス
SPINOSAURUS

スピノサウルスは、白亜紀中期のアフリカに生息した、どう猛な捕食者です。背中には、高さ2メートルの奇妙な帆のように突きだした部分があります。これは、長くのびた背骨がかたい皮ふにおおわれてできたものです。スピノサウルスの最初の化石は、エジプトで、ドイツの古生物学者エルンスト・シュトローマー・フォン・ライヘンバッハによって発見されました。

体の大きさ
大きいものは全長15メートル、体重7000キログラムにもたっする。

あごの力
細長いあごに、かみそりのようにするどく、とがった歯がならんでいる。

運動神経
長めの前足から想像すると、ときどきは四本足で歩いていたのかもしれない。

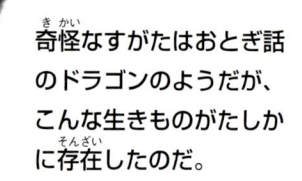

奇怪なすがたはおとぎ話のドラゴンのようだが、こんな生きものがたしかに存在したのだ。

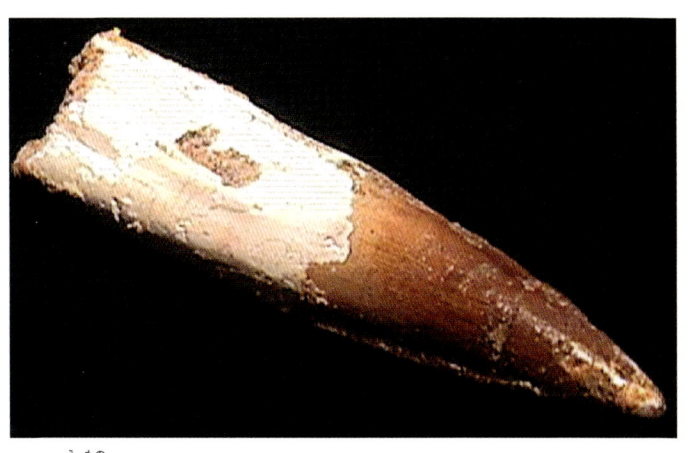

歯は獲物の肉に深ぶかと突きささるような形をしていた。

狩りのテクニック

あごと歯の形から、主に川や湖の魚をつかまえて食べていたと考えられている。

危険度

ワニのようなあご、ずっしり重そうな巨体は、血なまぐさい悪夢から飛びだしてきたかのようだ。

最強度スコア
EXTREME SCORES

スピノサウルスは魚を食べる恐竜にしては、体が大きくどう猛です。もう少し足が速ければ、さらなる高得点をねらえたでしょう。

運動神経 5/10

体の大きさ 7/10

あごの力 6/10

危険度 8/10

狩りのテクニック 6/10

= 総合得点

32/50

21

第2位 ティラノサウルス
TYRANNOSAURUS

もっとも有名な恐竜*の登場です。陸の捕食者*としては、史上最大級の巨体をほこるティラノサウルスは、「Tレックス」の名でも知られています。「レックス」とはラテン語*で「王」を意味することばです。ティラノサウルスの化石*は、アメリカ合衆国で発見されました。

体の大きさ
全長は12メートル。体重は7000キログラムをこえる。ただし、前足はひじょうに小さくて弱く、せいぜい1メートルしかない。

運動神経
この二足歩行*の肉食恐竜は、時速30キロメートル近いスピードで走ることができる。ただし、短距離にかぎる。

あごの力
りっぱなあごには、力強い筋肉がたくわえられ、どんな大きな骨でもかみくだくことができる。

ひとかみで200キログラムもの肉を食いちぎることができる。

22

最強度スコア
EXTREME SCORES

このおそるべき殺し屋は、大きな体が自慢です。あごも後ろ足も特大サイズ。でも、残念！ 前足が小さすぎました。

ティラノサウルスは「ティラノサウルス科」とよばれる恐竜のなかまに属している。上に描かれた3種の恐竜も、同じ科のなかまだ。

運動神経 3/10

体の大きさ 8/10

あごの力 10/10

危険度 10/10

狩りのテクニック 3/10

= 総合得点 34/50

危険度
こんな怪物が突進してきたら、恐怖のあまり、心臓が止まってしまうかもしれない。

狩りのテクニック
植物食恐竜の群れをつけねらい、おさない恐竜や年とった恐竜など、いちばん弱いメンバーを選んでおそっていたらしい。

23

第1位 デイノニクス
DEINONYCHUS

最強（さいきょう）の肉食恐竜（にくしょくきょうりゅう）、それはデイノニクスです。すばやい走りで、ねらった獲物（えもの）*をのがさない、このハンター集団（しゅうだん）は、白亜紀（はくあき）*前期の北アメリカに生息しました。デイノニクスの化石（かせき）*は、1964年、アメリカ合衆国（がっしゅうこく）で、古生物学者（こせいぶつがくしゃ）*のジョン・オストロムによって発見されました。

体の大きさ
体重およそ80キログラム、背（せ）の高さは2メートル。肉食恐竜としては中くらいの大きさだ。

あごの力
力強いあごの筋肉（きんにく）と、弓のようにまがったのこぎり状（じょう）*の歯をあわせもち、いっぺんにたくさんの肉を食いちぎることができる。

運動神経（しんけい）
足の速さとすばしっこさを生かして獲物におそいかかる。歯だけではなく、四足すべてのかぎヅメが武器（ぶき）になる。

24

ナイフのような歯で、皮ふや筋肉を切りさくことができた。

最強度スコア
EXTREME SCORES

だれより足が速く、だれよりどう猛で、だれよりおそろしい、この恐竜にかかれば、ティラノサウルスでさえ、悪夢にうなされることでしょう。

運動神経 8/10

体の大きさ 4/10

あごの力 7/10

危険度 7/10

狩りのテクニック 10/10

= 総合得点

36/50

危険度
一頭だけでもおそろしい、凶暴な殺し屋が、群れでかかってくるのだから、どんな動物にも勝ちめはない。

人間ほどの背たけに、獲物をたおす、とてつもないパワーがひめられている。

狩りのテクニック
後ろ足にのびる長く危険なかぎヅメで、どんな大きな獲物にも食らいつき、肉を切りさくことができる。

25

あとひといきでトップ10に入る恐竜たち

恐竜トップ10を決定するさいに、候補にあがった恐竜たちを紹介しましょう。どれもおそろしい殺し屋ばかりですが、トップ10入りをはたすには、わずかに力がおよびませんでした。

ヘレラサウルス

肉食の獣脚類*としては、最古の恐竜のひとつです。今から2億2500万年ほど前、三畳紀の南アメリカに生息しました。全長約3メートル、体重約200キログラムのヘレラサウルスは、後ろ足で歩いたり走ったりして、ピサノサウルスなど、小型から中型の植物食恐竜をつかまえたと考えられています。

コエロフィシス

三畳紀後期の北アメリカに生息した、凶暴なハンター集団です。たいへん細い獣脚類で、約3メートルの全長に対し、体重はわずか25キログラムでした。1940年代、アメリカ合衆国ニューメキシコ州のゴーストランチで、何百体もの化石*がまとまって発見されています。化石の分析によって、ときには共食いをしていたことが明らかになりました。

バリオニクス

スピノサウルスよりわずかに体は小さいですが、同じなかまに属しています。およそ1億2000万年前のヨーロッパやアフリカに生息しました。全長約10メートル、体重約2000キログラムの二足歩行の恐竜で、スピノサウルスと同じく、長いあごを生かして、水中の魚をつかまえるのを得意としていたようです。

コンプソグナトゥス

現在知られるなかで、最小の恐竜のひとつです。全長わずか90センチメートル。しかも、そのほとんどがしっぽでした。にわとりほどの大きさの、とても小さな獣脚類ですが、すばしっこさを生かし、たくみに狩りをしました。ジュラ紀*後期に生息した、二足歩行のこの恐竜は、前足のかぎヅメで獲物*をしっかりとらえたまま、がぶりと肉を食いちぎりました。

ストゥルティオミムス

およそ7500万年前の北アメリカに生息した、足の速い、二足歩行の雑食恐竜です。獣脚類に属し、名まえには「ダチョウ*もどき」という意味があります。手当たりしだいになんでも食べるところは、まさに現代のダチョウそっくり。頭の側面にある大きな目で、つねに危険にそなえ、自分より大きな敵にねらわれると、時速64キロメートルものスピードでにげることができました。

27

データ

第10位　ディロフォサウルス

分類	獣脚類*	最強度スコア
化石発見地	北アメリカ	体の大きさ……3
大きさ	6メートル	運動神経……7
生息時期	1億9000万年前	あごの力……1
発見者	サミュエル・ウェルズ	狩りのテクニック……4
特徴	頭のとさか*	危険度……3

総合得点 18/50

第9位　ヴェロキラプトル

分類	獣脚類	最強度スコア
化石発見地	アジア	体の大きさ……1
大きさ	1.5メートル	運動神経……10
生息時期	7000万年前	あごの力……2
発見者	ヘンリー・オズボーン	狩りのテクニック……8
特徴	80本の歯	危険度……1

総合得点 22/50

第8位　ギガノトサウルス

分類	獣脚類	最強度スコア
化石発見地	南アメリカ	体の大きさ……10
大きさ	16メートル	運動神経……1
生息時期	1億1000万年前	あごの力……5
発見者	ルーベン・カロリーニ	狩りのテクニック……1
特徴	2メートルの頭骨	危険度……6

総合得点 23/50

第7位　トロオドン

分類	獣脚類	最強度スコア
化石発見地	北アメリカ	体の大きさ……2
大きさ	2メートル	運動神経……9
生息時期	6500万年前	あごの力……3
発見者	フェルディナンド・V・ヘイデン	狩りのテクニック……9
特徴	高い知能	危険度……2

総合得点 25/50

第6位　カルカロドントサウルス

分類	獣脚類	最強度スコア
化石発見地	アフリカ	体の大きさ……9
大きさ	15メートル	運動神経……2
生息時期	1億年前	あごの力……4
発見者	エルンスト・シュトローマー	狩りのテクニック……2
特徴	2メートルのあご	危険度……9

総合得点 26/50

第5位　アルバートサウルス

分類	獣脚類	最強度スコア	
化石発見地	北アメリカ	体の大きさ	5
大きさ	8メートル	運動神経	6
生息時期	7500万年前	あごの力	8
発見者	ジョセフ・ティレル	狩りのテクニック	5
特徴	大きさと速さ	危険度	4

総合得点 **28/50**

第4位　アロサウルス

分類	獣脚類	最強度スコア	
化石発見地	北アメリカ	体の大きさ	6
大きさ	12メートル	運動神経	4
生息時期	1億5000万年前	あごの力	9
発見者	オスニエル・C・マーシュ	狩りのテクニック	7
特徴	攻撃性	危険度	5

総合得点 **31/50**

第3位　スピノサウルス

分類	獣脚類	最強度スコア	
化石発見地	アフリカ	体の大きさ	7
大きさ	15メートル	運動神経	5
生息時期	9000万年前	あごの力	6
発見者	エルンスト・シュトローマー	狩りのテクニック	6
特徴	長いあご	危険度	8

総合得点 **32/50**

第2位　ティラノサウルス

分類	獣脚類	最強度スコア	
化石発見地	北アメリカ	体の大きさ	8
大きさ	12メートル	運動神経	3
生息時期	6500万年前	あごの力	10
発見者	バーナム・ブラウン	狩りのテクニック	3
特徴	あごの筋力	危険度	10

総合得点 **34/50**

第1位　デイノニクス

分類	獣脚類	最強度スコア	
化石発見地	北アメリカ	体の大きさ	4
大きさ	2メートル	運動神経	8
生息時期	1億年前	あごの力	7
発見者	ジョン・オストロム	狩りのテクニック	10
特徴	するどいかぎヅメ	危険度	7

総合得点 **36/50**

用語集
（文中の＊のついているむずかしいことばについて説明しています。）

獲物 他の動物につかまって、えさになる動物。

化石 動物の死がいが石のようになったもの。

恐竜 三畳紀、ジュラ紀、白亜紀に生きていた陸上のは虫類。

古生物学者 化石など、かこの生きものがのこしたものの研究をする科学者。

死がい 死んだ動物の体。

獣脚類 前足が短い肉食恐竜のグループ。強い後ろ足で、歩いたり走ったりした。

ジュラ紀 恐竜が地球を支配していた時代の中期。2億800万年前から1億4600万年前まで。

スタミナ 長くもちこたえられる体力。

ダチョウ アフリカに生息する大型の鳥。足は速いが空は飛べない。毛のない長い首と小さな頭、二本指の足が特徴。今生きている鳥のなかではもっとも大きい。

頭骨 頭の骨。広い意味ではあごや舌の骨などもふくむ。

とさか　鳥や動物の頭のてっぺんにあるふさや出っぱり。

二足歩行　2本の足で歩くこと。

のこぎり状　のこぎりの歯のように、ふちにぎざぎざがついたじょうたい。

白亜紀　恐竜が絶めつする前の最後の時代。1億4600万年前から6500万年前まで。

ハドロサウルス　カモのようなかたいくちばしと水かきのついた足を持つ、大型二足歩行恐竜のなかま。

腐肉　動物の死がいがくさったもの。

捕食者　他の動物をつかまえて食べる動物。

ラテン語　古代のことば。現在も生物の学名をつけるときに用いられる。

31

最強動物をさがせ ① 恐竜
2009年9月30日　初版1刷発行

著者................アンディ・ホースリー
訳者................山北めぐみ・梅田智世
発行者............荒井秀夫
発行所............株式会社ゆまに書房
　　　　　　　　東京都千代田区内神田2-7-6
　　　　　　　　郵便番号　101-0047
　　　　　　　　電話　03-5296-0491（代表）

印刷・製本......株式会社シナノ
DTP制作.......リリーフ・システムズ

©ticktock Media Ltd 2009, written by Andy Horsley　Printed in Japan
ISBN978-4-8433-3256-6 C0645
落丁・乱丁本はお取替えします。
定価はカバーに表示してあります。